小小牛顿 科学启蒙 —大百科—

地震来了

牛顿出版股份有限公司 / 编著

宝贵的
地球家园

外语教学与研究出版社
北京

科普故事馆

地震来了

大家在教室里玩得
正开心，突然地震了！

2

教室摇得越来越厉害。

请小朋友抱着头，赶快躲到桌子底下。

5

好可怕！积木都倒了！

脑袋都被晃晕了。

小乌龟是不是也被晃晕了呢？

为什么会地震啊？地震会不会再来？

6

"地牛翻身"是古老的传说。地震主要是由于地球表面的地壳移动造成的。

 什么是地壳移动？

地壳是由板块组成的。地壳就像拼图一样，由一个个板块拼接在一起。我们把海水抽干净，就能看清楚地球的板块全貌了。

一种颜色代表一个板块，我们住的中国大部分在欧亚板块上，与菲律宾海板块交接在一起。

欧亚板块

菲律宾海板块

岩浆

欧亚板块

板块下面是流动的岩浆，
流动的岩浆会推动板块，
使板块移动。

当两个板块互相冲撞挤压时，就会发生地震，造成地表的摇晃与震动。

菲律宾海板块

岩浆

老师拿一个大枕头和一本又厚又硬的书当作板块，把它们像拼图一样靠在一起，再互相挤压。

两个板块互相挤压，会引起地震。板块上的房屋也会震动。

地震的时候，大地会震动，地面上的所有东西，如房屋、车，都会跟着晃动。

地震来的时候，该怎么办？

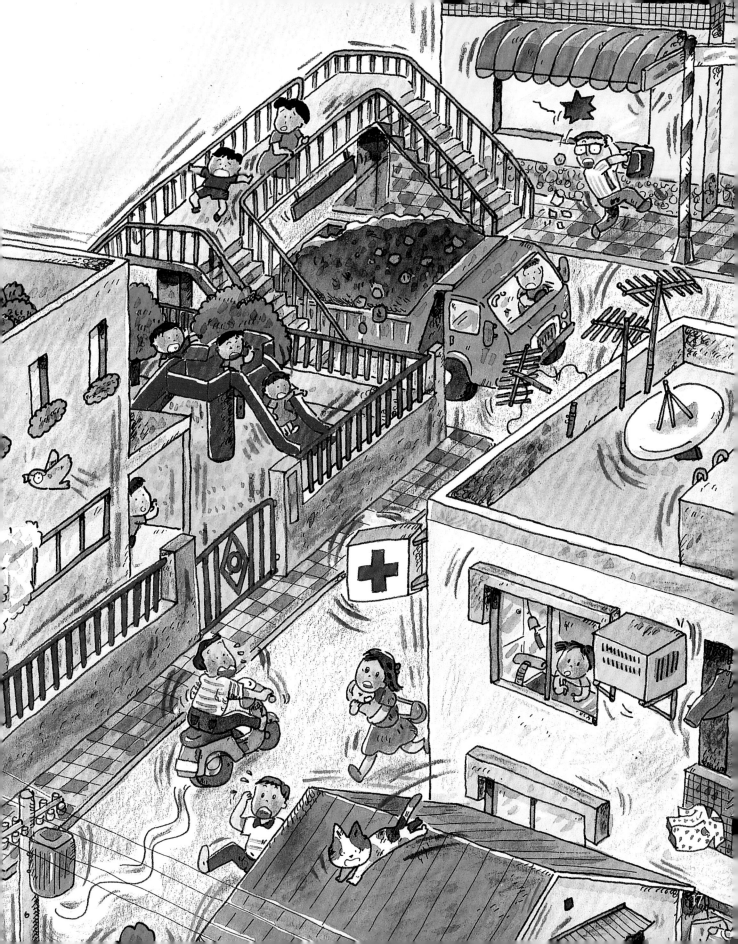

在室内

●拿书包、布娃娃或者枕头保护头。

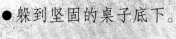

●躲到坚固的桌子底下。

18

●赶快远离柜子。

●不要推挤别人，不要紧张，以免跌倒发生危险。

在户外

● 及时躲避，以免被掉下来的招
牌、玻璃等砸到。

给父母的悄悄话：

地震目前仍是无法准确预知发生时间、规模多大
的天灾，因此，平时就要注意学习防灾知识。这个故
事运用大量图片及比喻的方法来介绍地震相关知识，
让孩子学习地震来临时的应对方法。

● 坐在车上时，司机会把车停下来，
大家在车上等地震过去即可。

● 停止游戏，双手抱着头，跑到空地上，
或躲到坚固的游戏器材下面。

再见！

老师，再见！

我已经知道地震来的时候该怎么办
了。万一地震再来，我也不害怕了。

21

谁撞得砰砰砰

地也动，墙也动，

大门撞得砰砰砰。

是谁走路重？是谁刮强风？

是不是调皮的孙悟空？

给父母的悄悄话：

这首曲子中的一些特殊音效营造了地震来临时的氛围。

热胀冷缩

奇奇与小问想用玻璃杯喝果汁，没想到两个玻璃杯卡在一起了！

杯子分不开怎么办?

我想到一个好办法，只要把卡住的玻璃杯浸泡在热水中，两个玻璃杯很快就能分开了！

哇！妈妈好棒！

因为玻璃杯遇到热水会膨胀呀！

把卡住的外侧玻璃杯泡进热水里，迅速拔开，就可以把杯子分开了。

这是利用热胀冷缩的原理，也就是物体遇热体积会变大，遇冷体积会缩小的道理。

塑料、木头与金属等物体，全都会产生热胀冷缩的现象；就连看不见的气体，也会遇热膨胀、遇冷收缩。我们来一起做实验，观察气体的神奇变化吧！

材料：

洗洁精、玻璃瓶、盘子。

做法：

1. 把洗洁精倒入水中，搅拌均匀。

2. 将玻璃瓶倒置放入洗洁精溶液中，在瓶口形成薄膜。

3. 把形成薄膜的玻璃瓶，分别放入热水与冰水中进行观察。

热水

把瓶子放在热水中，瓶内空气受热后膨胀，体积变大。薄膜被往外推挤，形成泡泡。

冰水

瓶子放在冰水里，瓶内空气遇冷，体积变小。薄膜被瓶外的空气推挤，就凹进去了。

被压扁的乒乓球，只要放到热水里，球里的空气就会遇热膨胀，把乒乓球撑回原来的样子。

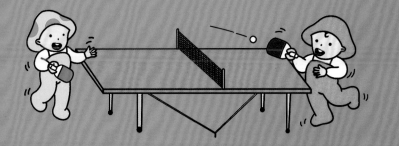

 利用热胀冷缩的原理，可以为我们的生活带来许多便利。

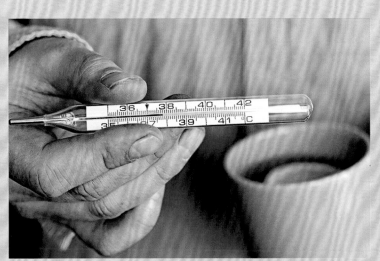

温度计也是利用酒精或水银热胀冷缩的原理设计的。

给父母的悄悄话：

　　大部分的东西都具有热胀冷缩的特点，但是因为体积变化并不明显，所以不容易被察觉。了解这个原理，有助于解决生活中的一些小问题。在这个实验中，所用的热水不用太热，以手可以直接触摸不会烫伤为宜，以免孩子烫伤。

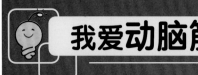

切西瓜

小猪出海钓鱼，却遇到暴风雨，漂流到一座小岛上，被当地部落抓了起来。

当地部落的人想吃小猪。小猪说："我是一只天才猪，聪明得不得了，吃了我太可惜了！"部落酋长答应小猪，只要它能回答三个部落成员提出的问题，就不吃它。

哇！好肥的猪，今晚可以吃大餐了。

第一个人问："我家有四口人，要怎么分一个西瓜？"

小猪说："这太简单了，看我的！"

小猪先横切一刀，再竖切一刀，西瓜就分成四块了。

第二个人问："我家有六口人，要怎么分一个西瓜？

小猪想了想，说："想到了，看我的！"

小猪先竖切一刀，再右斜切一刀、左斜切一刀，西瓜就分成六块了。

第三个人问："我家有八口人，要怎么分一个西瓜？"

小猪正想回答，这个人又说："不过，只能切三刀！"这下小猪可伤脑筋了。

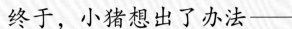

终于，小猪想出了办法——

小猪先竖切一刀，再横切一刀，然后再从西瓜侧面平切一刀，把西瓜分成八块。

聪明的小猪帮当地部落的人解决了问题，他们帮小猪把船修好，还送了好多西瓜让它带回家。

给父母的悄悄话：

这个故事介绍了整体与局部的概念。由于把西瓜分成四块或六块，只是二维空间的概念，孩子较易理解；但分成八块则涉及三维空间，孩子可能较难理解，家长可用实物演示。

33

谁摇动了森林

　　早晨的凉风轻轻地吹着，春天的森林里，到处充满了花的香味。

　　豚鼠、猴子和山羊一起到河边郊游。它们三个赛跑、捉迷藏，玩得好开心！

　　"哈——抓到你了。"

　　"跑得好累！"

　　"我们休息一下吧！"

　　它们玩累了，一起躺在大石头上休息。

突然间，闭着眼睛休息的豚鼠，觉得石头在前后左右不停晃动，它以为是淘气的猴子故意捣蛋，就大声地说："猴子，别闹了，让我休息一下！"

"不是我！是地在晃动！"

豚鼠一听，赶快睁开眼睛，只见整个森林都动了起来，连大树都在前后摇晃，好像快要倒下来似的。

"啊——这是怎么回事？"豚鼠紧张极了。

山羊说："我想，可能是大象在跳舞吧！"

猴子摇摇头说："不可能！我猜，是河马在跑步。"

没多久，森林里的一切都安静了下来。

地不动，树也不摇了。

　　可是，才过了一分钟，地又晃动起来。

　　这次晃动得比前一次更厉害，吓得豚鼠、猴子和山羊紧紧地抱在一起。

　　过了一会儿，大地总算停止晃动了。

　　豚鼠建议：“我们去找大象，请它不要再跳舞了。”

　　“好！”山羊和猴子都点头答应，它们一起走到大象的家。此时，大象正在院子里教小象用长鼻子摘水果。

　　大象说：“不是我，不是我。我没有跳舞，你们去问问河马吧！”

挂号信请找熊
先生代收，
谢谢！

40

豚鼠、猴子和山羊只好去找河马。

可是，河马不在家。它的邻居大熊说，河马到朋友家玩，要一个星期以后才会回来！

"不是大象，也不是河马，这到底是怎么一回事呢？"

大家都想不出来，还有谁能有这么大的力气，让整个森林晃动？

山羊说："我们去请教最有学问的猫头鹰吧！"

它们到了猫头鹰家，发现猫头鹰坐在门口，正捧着一本厚厚的百科全书看。

"猫头鹰，请问，刚才……"

豚鼠的话还没说完，猫头鹰就接着说："刚才地为什么会动，对不对？我告诉你们，这可是我的新发现，那叫作地震，就是大地的震动！"

"哇——是谁有那么大的力气，能让大地震动呢？"

猫头鹰大笑着说："哈哈！这是地球的一种运动，谁的力气都没有那么大呢！"

"啊！原来大力士就是地球啊！"

为什么白天看不到星星

天上有好多星星，不管白天或晚上，一直都亮着。我们在白天看不到星星，是因为太阳光太亮了。

晚上把家里的灯全关掉，打开手电筒，会觉得手电筒的光很亮；可是如果在白天打开手电筒，光就看不清楚了。这和白天看不到星星的道理一样。

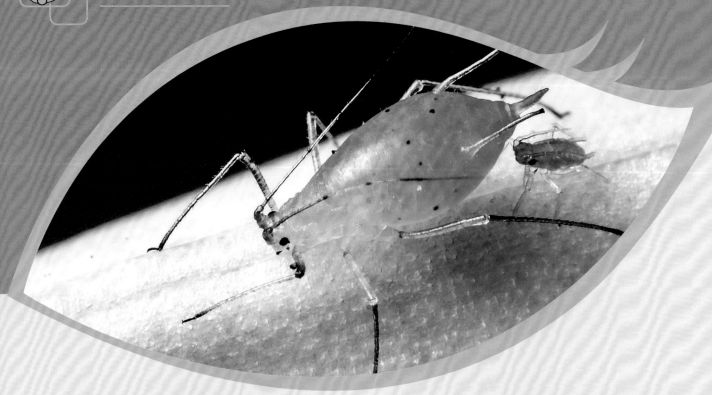

蚜虫生宝宝

大部分的昆虫生小宝宝时，都是先产卵，卵再孵出小宝宝。但是，有的蚜虫妈妈却可以直接生出小宝宝。蚜虫的天敌有瓢虫等。

44